Puzzle 1

			1		2			
	6	8				1		
		1	8	9	6			3
	4		5	6	9		1	
9					4	8	5	
1	5		7				9	
6	8		9	2		7	4	
3	1			5	7	2	6	
2	7	4		8		9	3	5

Puzzle 2

9								
		6		2	8		5	
	2	8			5	6		9
	7		6				2	
6			5	8		3	4	
8	1		4					
2	6		8					
5			1		3	4		
		7	2	9				8

Puzzle 3

9			2			5		
		7	8	9	6			
	3							
	9					4	7	
		8		1				
		2	7	5	9	8		1
			1			2		6
	1					4		
2		6		7	5		8	3

Puzzle 4

	4	9			6			3
			2					6
	7				5	4	8	
			5		2	3		7
4		5	8		7			
		1		9	4	5		8
				1	7	9	2	
		6						4
			4	2	9		3	

Puzzle 5

	3			8		9	4	1
2	1	6			4	3		
	8							
			6	9	5			
		1	5			9		
9	5	2			1			
3	6		9		1			7
5				8	4	1		
			2					6

Puzzle 6

			2	1				
		5	9		8			
9	1		3	4		8		
8	4							9
1			6	3		7		
		6		8		5		3
4	9		8				5	
2		7	5		1			4
	3					2		

Puzzle 1

		3		7		6	2	5
2	1							
				2		4		
		1	2		9			7
9	8	6	5		7	3		2
7	2				3		8	
4				2	8			1
	5		8		1	7		
			7	4				

Puzzle 2

				1		7		
			5	2	7	4	9	6
			8			2		1
1					8			7
	6	4		7	5		8	9
					9			4
4				5		9		
3	5	6	7			1	8	
		9			4		1	5

Puzzle 3

			4	7		1		
						4		
	9	4		6		3		8
6	2	1		4	3	5		7
3		9	6			2		
		8		1	2	6		3
	1	2				7	3	
4		7		3		9	1	5
5		6	7		1			4

Puzzle 4

		5	3		6			4
		6		8	1			
4		1		7	5	3		
			6					2
2	4							
6				5		8	7	9
3	8			9	2	7	6	
	6		5			9	3	
7					3	2		

Puzzle 5

					6	1		9
1			9	8		4	7	5
	9		5	1				
	3	7	4	6				
5	6		1	2			3	
	4		8			2		
					1	5		
4			2			6	9	
3	7	9			4		1	

Puzzle 6

9	5	3	8					
6		1				2		
	7	2				8	3	
2			5	8				
5	6	8		9			2	7
	1	7					9	
8		4	9	6	5			
	3		7	2	8			
	9		1	3		6		

Puzzle 1

		9	2				4	1
	6	4	3				2	
	2		7		4			8
			4	7	1			3
4	7		8	3		2		
1	5				9			4
	9					5		
3	4	8				7		
		5				2		

Puzzle 2

9			8		1			2
	2	7		6	9			
5	6	1				7		
7	5		1		2		4	
1							9	
2								5
4	9	5			6		7	1
	7	3				4		
				3	7			6

Puzzle 3

	2		3		8			
6	8				1	5		2
			6		4	8		
2		3	7		6			8
		5	1	2	4			
			6					1
7								
	4	8	5		2	7		6
5	9		8			3	1	

Puzzle 4

5	4	6					2	7
7	1			5	6	9		8
9	3	8	2		1		6	4
	5	7	8	9	2			
		9			4	7	8	5
	8	1	5	6	7		9	2
	7	4		1		6		9
		3	6	4		2	7	1
	6	5			9	8	4	

Puzzle 5

2		7	9		4	5	1	
9	1						6	3
		8		1				9
		2	5	9		6	8	
		6		2	7			5
			3					
4	6	3	1					
			8			3		
		5					4	6

Puzzle 6

		1		5	2	7	8	6
		2	1	6		5	3	
	5	3				1		2
				9			2	
3			7	2	1		5	
				3	5			8
		7			6	4		
8		6			7	2	9	3
4			2					

Puzzle 1

		2	7					
9			4	2		6	8	
3		6	9	1	8	2		
	3			9				
6		9		4		5		3
	2		6	3				9
					6		9	8
	6	8		7				4
5	9	7	1				2	

Puzzle 2

3					9	5	2	1
			4				9	
							7	
5			8		7			
	3		6	9			5	
	7	1	5	3		9		
6	5	7	3	2	8			
	2	4						
9			1	5			6	

Puzzle 3

		7		6	9			
	2	9		3	1	8	4	
		5	7	4	8			9
	6			9		1		
5	1		4			9		6
3		4						
9		3		2	4			
8								1
2					7	3		

Puzzle 4

	9						3	2
6					2	7		
2	4				7		5	
3	6					1		
			5	2	3	4	6	
8			9		6	3		
		6	2	7				3
9	5						7	6
7	8	2						9

Puzzle 5

	6					5	3	
							4	8
3	4		2	1		7		
			1	4	2		7	3
6				7		5		
		1	3		5			4
7		3	9	2				
	9	6						
	1			5				7

Puzzle 6

	6		3	8		4		
		3		6	5		7	8
8				7	4		6	
		4			8	6		
							2	3
6	2				3			
	3			9		2		
			8					7
		9		5	6		3	1

Puzzle 1

		5	2	7			9	6
2		4	3	5	9		1	8
	7			6		3	2	
4					8	5		
	8	7	4		6	2		
9			5	1	3			
			6	8			5	
							8	
	9			4		6		

Puzzle 2

		6		4		3	2	
			2			5		7
5			3	9			4	
			6		5	4	3	
				1				
6	2		3		7			5
		1	8	2		7		
2	8		1		6	9	5	
4			9	5				

Puzzle 3

			8					9
						7		3
2		7	3				6	5
	5				2	4		
		2	7	6				
			5				7	2
6		3			8		9	
		4	9	5	6		3	8
	8			7			1	

Puzzle 4

2		7			3		5	
		9		1	4	3	8	2
							7	
	6							
				8	6	2	3	
5				3			1	8
	2	5		9				3
1	7		3	4	8	5		9
		4		7	5			

Puzzle 5

	8	3	9		1			
			3		5		8	1
	5		6					
6								
						4	6	2
8	2	7	4	5			1	9
					8	1		
9	1		7	6			3	
2		4						8

Puzzle 6

9			8	2		7		
				4			6	
		2	5	7				9
7				8	9			
	9			5	4	6		
5		8	6				2	3
	7					2		
	1	2		9	7		5	
		3	1		2	8		7

Puzzle 1

	6			1		2	5	
9					6	7		
		1	3					8
3			5		2		6	
6	2		9		1			5
7	9	5	8		3			
	7			2			3	
5	3		7			4	1	2
	8							

Puzzle 2

							5	8
		3			4		9	6
4					5		3	
	4			8		3	6	2
		6	7	2				
3	1		5	4	6	7		9
	6		3			8		
	5	8			1			
		7		6				

Puzzle 3

7	9		2	4			1	
1	8		6	5		3		
3				8			2	9
		9				7		
	7	8		2	6	1		
2	6	1						
		3	5					
	2		8	9				
8			3	6			5	

Puzzle 4

						6	5	
		4						7
9	6	7			5	2		
	7		4	8	5	1	9	
		1			3	4		2
		5		2	1		7	
			3			9	2	5
2		9				7	3	
5	4				7		8	

Puzzle 5

	2		9	3		8	4	
	9		8	2	4	5	7	1
		8	6					
7	3			9	6	1	5	8
	5		1	7	3	6	2	4
4	6		5	8			3	9
6	7	3	2	1			8	5
	8	4	7		5			3
			3	4	8			

Puzzle 6

	3	5			8	9	2	4
8						3		
		7	9			5		
								8
	5				1		3	9
9	2		3			4		
2		6			7	1		
5	7	1		6				
						6	7	

Puzzle 1

2		3	9	4			1	
			3			4	6	2
4	5		1	2	8	9		
7	8			6				
9					4		8	
		4				3	2	
6	4				2		3	
		5			1			4
				8	3		5	

Puzzle 2

4		2		5			9	
6					9			4
3		8	4	1				2
			6	3			8	
1		7			2			6
							2	
			5	4	3	7		
		3			1		5	
		4		6	7			1

Puzzle 3

1		7	2		9		8	
5	2			3	8			
8								
2		5		1	6	4		7
6				5				2
9		1	8					5
7		9				3		4
		2			3			
	6				4	7	5	

Puzzle 4

2	6	9				1		
		3					2	
8	4			6	3	9		
7								9
	8	1				7		3
		6	7	1			2	
6		7	1	2				8
		8		4		6	5	2
				3	8			

Puzzle 5

3	7	4	8	6	5		2	1
	6	5			4			
				9	4			
1			4			7		9
			1	9	7		3	
		9		5				2
				8			9	
	9		6			8		
8				4	1	2		7

Puzzle 6

6		8			9			
3	9		2	4			6	
				1				9
1								
			6	8	4			
5		3		2				
		2	1				9	
		6				5	7	
	4	1		5	3	8		6

Grid 1

	6	8			3	5		4
			8		2	3		
						1	8	
4		9		3		6		5
5	7		4		9	8	2	
	1				4			
			9					8
9				8	7		5	6
	8	7	5	2	4	9	3	

Grid 2

6		4			7		1	
8	5		4	3				
		3			6		5	
3				8	1			
			9				3	5
9	1			5		4		7
		9		4		7		2
	7		6	9				8
		8	3			5		

Grid 3

	9	3		8	6		1	
		7	1		6			
			2		3	5	4	
8			2		9			3
2	3	9		6				7
6						2	8	9
	1		5		8	9	7	
	5				2			1
		6	7			4		

Grid 4

			7	5	8		9	
		1		2		4		7
7						2	3	
				9				3
	3		8	7		5	4	
2						7	1	
		5	1			3		
6						9	2	
	9		6			1	5	4

Grid 5

8		7		6	3		2	5
6	1	5		7	9		8	
3	9				6			
	7		8		2		6	
		6	7		1	8		4
1			4	9				
		1	6					
		4			7	2		
	6	9		2				

Grid 6

9			8	4			1	2
1	3			9				
4	8	2			5			3
			3		1		4	
7					9	8	3	6
			5	7	6			1
5	2							
	1		7		2			
			1	6		5	2	4

Puzzle 1

3		4	2	6		9	1	
	5	6		1	9			
					5			4
8						5		
		7						
		1	9	2	7	6	3	
4		3				1		6
6	2	8		9	1			3
				4	3	8		

Puzzle 2

4	6		5	1	3	7	2	8
8	7	5	6	4			9	
		1					6	5
5		2	3		6		7	
					4		5	
3	9	4				1	8	6
		3		6	8	5		7
	5			2	1			
	4	8			5		1	

Puzzle 3

3							1	8
	8	1				4		9
	2		1		4			3
4	3		5				9	7
							8	
9	1				2			4
		2		5	3	7		1
	9		7				4	5
7		5	8			9		2

Puzzle 4

5		9	4			2	7	
4	7	3		8				
					7		8	
1								2
3				1		8	4	5
	9		3	2	5			
9	6		1			2	5	
							3	
7				9				1

Puzzle 5

		6	9	2	1			
	8	7			4		9	
3	1		6		7	4		
5			2	9	8		3	
		1			5	7		2
9	6					3	1	4
	3			4	9	2		
1					3	9	5	

Puzzle 6

1		9	4		2	6	7	
		8	7		3	5		
4	3		1					8
3		2		7				
		1	2	3	4			
7	9							6
							6	4
				1		8		
2			5			1		

Grid 1

9				8				
				4			7	
	1	3				6	5	4
		6	2		7	5	3	
2		1			4			7
	5	9				2		6
	9	7			2			
	6		4		3		9	
1					5		6	2

Grid 2

	7	9			4	6		
		2			3	6	8	
	6		2	8		1	9	
5			6			8	7	
			4					6
9	4						2	
		1	8			9	6	2
			3			4		
6			9					3

Grid 3

	1	9				5	3	4
	5		1	2	3			
6					9	1	7	
					6			7
	6					9		
9	7					4		6
3		7	6	1	8			
		2	3	4		7		
5		6		7	2			

Grid 4

7	2		4	3	5			
5		1	9	6	7	8	2	3
3	9	6		8	1		4	
9			5			7	6	2
			6	2			9	
4					3	1	8	
2		9	1			4		8
			3		9	2		
6				7	2			

Grid 5

		3		5		8		
	4	1				5	3	
8	2	5	3	1				4
				2		9	4	
3								
			8		6			5
4				3	1	7	8	
					2		5	
	7		5	4		2	1	

Grid 6

						4		9
			3	6	5			2
6	4	3	8	9	2		7	5
		7				5		
1					9			
		8				4	6	7
	7			3		9		
9			5		6		8	4
8				2	7		5	

Puzzle 1

	7		1	6		3		5
	4	9		7		2	1	
	6				5			
6		5	2		7			
9							5	
1			3		8			
						9	8	1
	1			8	6			
				1				3

Puzzle 2

			5		8			1
			6	7			9	
				2				
	8				9	3	2	5
	5		7		2		1	
2	3	1				9		
	2	7		1		8		
6						1	3	
1				9		7		6

Puzzle 3

		4			9	1	2	6
		7					4	9
	9	3			2		7	
9								3
				9	6			
4		8	2		5			1
			7	5			1	
			9					8
3	4		1		8	2		7

Puzzle 4

				6				
	4			9	3	7	2	
	3	2		5			4	6
		9	5		7	6		
2			3		4			
			1	9	3	5		
	2							6
4	7	5						1
1		6					8	7

Puzzle 5

		5	7		4		1	
8	2	4	3			5	9	
3	7		5				8	
7						8	4	
		9						
5			8					1
			6					2
2		3		1		6	8	
	6		4			3		

Puzzle 6

	6	8			1	2	9	
7	9	4		2				
2		1	4	9				3
5	3			8		9	4	7
	8			4				2
4	2		6		7	3		
6		3	7	1		8	2	9
	7		9					
9					8	4	7	6

Grid 1

6							8	1
9	5		2	8		3		
8	1				4			7
7		4			8	6	1	3
5				3	6		7	
1	3				2		9	5
4		8				7	2	
			8			5	4	9
		5		4	9	1		

Grid 2

	4	6	2	7		8		
3					9		1	
	5			1		6	7	
2			7		3	9		
	8	3			1	2		
		4					3	1
	7							
4					7	1	8	6
	3		9					4

Grid 3

	4				1	8	5	
5	8			7				
				6			4	3
4	5	6	1					9
2			4		7	6	3	5
		9	5	6	2	1		
8		5					1	2
	7					4		8
			3					6

Grid 4

6	9		3	2		8		1
	5			1				3
	1							
9				5			1	
5	3		2	8				9
7				9	3	2		5
3	6							
	4		8	6	2	9		7
							6	4

Grid 5

	7				9		1	
	4					9		
5			2			8	3	
		5			3	1	8	9
		1			7	5		
	6	3		9	5		7	
		4	3	7	2			
9	3			8			4	5
				5			2	

Grid 6

1	3					4		
4					6	3		
							7	1
				4		5		2
		4	6			9		
	7	2		5			3	4
7		3		9		6		8
	8	5			7	2		
	1	6			4		9	

Puzzle 1

9	2		4					
6		4	3	9		1		7
		3	6		5			
2	9			8				
						2	7	
8		1				9	5	
5		2		4	7		3	
		6						1
7		9	8	6		5	4	

Puzzle 2

	8			5	4			
5		3	9		6			8
			8	2	7		9	
4	9	5					6	
		1		9				
3		7	6					
2			1		3		8	
						2		9
		6	2				4	3

Puzzle 3

	4	1			6	8		
6								
8	9		1	3	2			
9		6	2		5			
7		3						9
	1				9		8	7
2			9		4	6		
				2		9		8
1	3	9			7	4		2

Puzzle 4

3				6	4		7	5
			8	3		6		
4			2		5	3	9	
					2	9		
	9	5		4			2	
6						8		4
		8			6	5		
		4			3	7		9
	2							

Puzzle 5

	6		3					
3								5
5	7	2	9			4		
2	5	9		6			7	
4			5	9		6	1	
6	3		4	2			9	8
1			7					4
			1			2	3	
8				4	2		5	

Puzzle 6

4		8		3	5		6	7
	1						5	
5	6		1	2			4	
						7	2	
1			2	7		5		
		3						1
8	3	6	5	9		4		2
					2			9
9			7	8				

Puzzle 1

	1			4		3		8
						7		
	3		9	1	8	2	4	
4	9		7	3		8	2	1
		8	2					
		3		8				4
5			8		6			
	6		1		9			2
	8	2		5		1		

Puzzle 2

	6	3	5		8			
2				3			7	8
4	8	1	7	6			9	5
1	2		3					
5			2	8	6			
3	4	5				7	8	1
	1		4	5	7			
		6				4		

Puzzle 3

5	2		9	3	4			
			8			4		
4		8						7
6		9		5		7		
		5		2	3	8		
3		2		1		9	5	
	9		5	8	7	4		
		6				2		
	1	4		6	9	5		8

Puzzle 4

			6	1	9	8		
			7			5	9	
4		9	5			3	7	
				8	2	1		
		4					8	3
5	9						4	
8	1					9		
3					6			5
9		5		7	1			

Puzzle 5

5	4	9	1	3		8		
8	6		9		4		1	
		1	8	5	7		9	6
	3	4				2	5	9
	5		3			7		
9			2	6				
7			5		3	9		4
	8	5		9			3	
4				7	2			

Puzzle 6

1			9		3			
	5	9					6	4
2				5				
7	9		2			5		
6						1		3
4	1						8	7
	3	4	8			6		
	7			6			1	
			5	4	7			9

Puzzle 1

7		5		4				
9				6	3	1	5	7
	6		9	7	5		8	2
			4	3	2			6
	1	2				7	4	3
4		6			7		2	
2	5		3	1	9	6	7	
	9		6		4		3	
			7	5		2		

Puzzle 2

				4	7	2		8
			7		2			
					5	4	6	7
		1		9	2			6
3	6		1	8		7	2	5
	8			3		1		
8			9		3	5		2
5	3	6	2	7			1	

Puzzle 3

				4	9	7		2
		3					6	8
	6		8					
5			6					3
	4	8	1		7	6		
	8		3				5	
1	7		9		8	3		6
	3	5	7	1		2		

Puzzle 4

4		3		5				
	5		6		2			
	6	8		1				
							2	
8	1	9	2			3		
			7	9	1	5	6	
9			1		8			
						8		2
		2	3	7	6	1	9	

Puzzle 5

			1	7		4		
6		1	4				2	9
			2		5	6	1	
7			2	1		6		
	6				3		4	
		4		6		1	9	3
8	4			5		3	1	
9	7				1		5	4
					2		7	6

Puzzle 6

9					1	7		
	6	7				9		
3		8					5	
		2		6			4	9
7		9		4	3		6	
5		6		2		3		
			5	1	9	6	7	
			3		6	1	2	8
	7		4				9	

Puzzle 1

1		3			2	9	5	
	9	7			1	6		
					3	8		7
9	5	6			7			
			5		8	7		9
	7	4	2					
	4			1		2	3	
			3			4	9	
2				8		1		

Puzzle 2

6							2	3
7			8	5	1	9	4	6
		4				7	8	
				6	7			
4						9		
		6	4			3		
	7	2		5	3			
			7					
8	5	9			6	4	7	

Puzzle 3

	6		3					4
				5				1
	7	5	6		1			2
	9	7	4	1	2	3		5
8		1	7					6
4						7		
	2	4		8	9	6		
	8	9	2	3		4		
			5					

Puzzle 4

	1	4	9		6		3	7
6		9	4		7	2		1
2	7				1		6	
		7				3	2	
	6	3	2		9		5	8
	5		3	6		1	7	
				4	3			
			6					
		6	1	8		7		

Puzzle 5

1	6			3		4		
	9		8				2	1
5	8	7		1		9		
9	5			4	6	1	8	
				5			6	4
	4	1		7			9	
			9	2		8		
			7					
		9			1			

Puzzle 6

		6		8		3	2	
				4	9	8		7
5		2						
				9				6
		3		2		9	7	1
6			7	1		5		
		7	9			6		5
3	2	5				7	9	
4							1	3

Puzzle 1

		4	5					8
5	1	9		6			4	
7	8			3				
		6			3	5		4
	4			2			3	6
				7			8	1
	6	3				1		7
		1	6		7			3
	7	8	3				6	9

Puzzle 2

	5	6				8	3	
7		8		3				5
	3		8	6		1	2	
6				8			4	
	8	4		2	1			
		2			4		1	8
			5			6	8	9
			3	9	6		7	
								3

Puzzle 3

		5	1	3	6		9	4
4					8	2	7	
	1	8				6	3	
6	8						2	3
1		2			3	5		7
3		4	7			9	6	
	7	1					5	
	4	6	3		9			2
	3	9	2	5	7	4	1	

Puzzle 4

8							3	
	3	1				4		
6			7				2	9
9		2	1		5	7		
3	1	7				6		5
	5		6		7	9	1	
						2	9	
1	8			6	9			
	9					3		1

Puzzle 5

6	1		5	2				
		5						
	3		4	9			1	
3	8		1		5		7	
				3	7		5	
5								
	9	2						1
			4	9	7	3	2	
		3		1		5	8	

Puzzle 6

8			7	2	9			1
2					3	4		
9	3	6		4	8			
1		2	4		7	5	6	
7	6	5	9	1		8	4	
3	4				6			2
						3		6
	2	3	8	7	5			
4	9	8			1			5

Puzzle 1

1				7				
			3				8	9
			4		8	7		3
		4			3		5	8
			1		4	9	3	7
		8	7				1	
	7					5		2
	4				6			1
5	2		8			3		

Puzzle 2

		8	4		1	7		
	7				5			
	2	5	7	3		8	1	9
				1				4
	9			4		2	3	5
	8	4	3	2	9	1		
	1	6	8		3			7
	4						9	8
		2						

Puzzle 3

		3	5	1		8		
9		5				2	6	7
	4		2			5		
5		2	8	4				3
1								4
						6	8	
3		7				4	9	8
8								
	9	6				2	1	

Puzzle 4

		5		3		9		4
	8						7	6
7		2		6	4		8	
	3		8		2	7	4	
	5			4	7			
	2	7	6		5			8
						2	5	
5			4					
		8			3			

Puzzle 5

			9				5	8
		4					9	6
1		9						
7	5	3			6	9		1
6		1		3		7		
2					4	5	6	
8	7	6		4		2		
4	1			8		7		
9	3		1	7		6	8	4

Puzzle 6

	7	6						1
4			5	1			6	8
		1				5	7	
				7	2		9	
				5	6	7		
7	6				1	3	8	
6		7			9			
9		8		4				
	5						1	9

Puzzle 1

9	4	6	7	2	5	3		
7	1					6	2	5
				1	8		9	
	2			7	4	5		
	3		5			1	8	
	6		3	8	2	4	7	
5	7	1			9			
				5	1	9		
3	9	4			7		5	

Puzzle 2

4					6	3		
	6				2			4
8	9	1	3				5	6
5		6	4	2	1			
2		7	5		8	1		
		9			3			
3	2	5	6					
	1			3			7	
				1			3	2

Puzzle 3

		4	9	6	1			
7			5		8	1	4	
		1		3			5	
6	5						1	4
			1		6			7
		4			5			2
	6	8					7	
					2			8
1			6		3			

Puzzle 4

5	6			8	1	7		
1			5			8		4
8	2		6		9		3	
	9		8				2	3
6				1				
			9				7	
4			2			3		
				7				6
	7		1		6	2	4	5

Puzzle 5

					2	7		
	2		6	7	3	4		9
	5	4			2			
			8				4	
				8				
2	8	7	3			9	6	
3	7		1	5				
8			9	4	1			
	1				5	2	8	

Puzzle 6

9	2		5	1				
6	4	7					3	
	5		4	3	7			
5	9					1		
3	8		1			4	7	6
7			3		4	8		9
			7		1	2	6	
		8			3			5

Puzzle 1

4			6					
	6	1		5		8		3
					1			
	9	6		2		4		
	8			1	6		9	
1			8	9				
	1	3	5	6	7			8
		8	1			3	5	
5	4			3	8		1	7

Puzzle 2

8	4	1	3		7	9		2
2	6							1
3	5	9	2		1	7		8
					6			5
6		5	4	2		8	1	7
9			5	1		3	4	
	8		6	9		5		3
	2					6		
	9	6			3			

Puzzle 3

		8			4	2	6	7
				2			9	
2			5	6	7			
9			4					
				9			8	2
4			1	2	6	3		
6	2			4				
		4			1	7		
8				5		9		

Puzzle 4

	5	1			8			9
4	8		6	1	3		7	2
2		6	5	9		1	8	3
6	4	5		7			1	8
	9	8		4			6	7
7		2		6	1	4	9	
5	1	4	9	8	2			6
8		3	4	5	7	9		1
9	2	7	1			8	5	

Puzzle 5

		3				4		
		4	2		1	7	6	9
		7	6		5	3		
			2	3	6	5	4	
	1	2		5		9		
	6			7	9	1		2
	3			4				6
9	4				6			
8					2			7

Puzzle 6

1		7	2	3				
				1	5		7	8
	4			9				3
	1	9	3		6			
	8				2			
		3			1			2
4	6	1	8		3	2	5	7
7	2	8				1		9
9	3				2	8	4	6

Solutions

7	9	3	1	4	2	5	8	6
4	6	8	3	7	5	1	2	9
5	2	1	8	9	6	4	7	3
8	4	7	5	6	9	3	1	2
9	3	6	2	1	4	8	5	7
1	5	2	7	3	8	6	9	4
6	8	5	9	2	3	7	4	1
3	1	9	4	5	7	2	6	8
2	7	4	6	8	1	9	3	5

9	5	4	7	6	1	2	8	3
7	3	6	9	2	8	1	5	4
1	2	8	3	4	5	6	7	9
4	7	3	6	1	9	8	2	5
6	9	2	5	8	7	3	4	1
8	1	5	4	3	2	7	9	6
2	6	1	8	5	4	9	3	7
5	8	9	1	7	3	4	6	2
3	4	7	2	9	6	5	1	8

9	8	4	3	2	1	6	5	7
5	2	7	8	9	6	3	1	4
6	3	1	5	4	7	9	2	8
1	9	5	6	3	8	4	7	2
3	7	8	4	1	2	5	6	9
4	6	2	7	5	9	8	3	1
7	5	3	1	8	4	2	9	6
8	1	9	2	6	3	7	4	5
2	4	6	9	7	5	1	8	3

8	4	9	1	7	6	2	5	3
5	1	3	2	4	8	9	7	6
6	7	2	9	3	5	4	8	1
9	6	8	5	1	2	3	4	7
4	3	5	8	6	7	1	2	9
7	2	1	3	9	4	5	6	8
3	5	4	6	8	1	7	9	2
2	9	6	7	5	3	8	1	4
1	8	7	4	2	9	6	3	5

7	3	5	2	8	6	9	4	1
2	1	6	7	9	4	3	8	5
4	8	9	3	1	5	6	7	2
8	7	3	1	6	9	5	2	4
6	4	1	8	5	2	7	9	3
9	5	2	4	7	3	1	6	8
3	6	8	9	4	1	2	5	7
5	2	7	6	3	8	4	1	9
1	9	4	5	2	7	8	3	6

6	8	4	2	1	7	9	3	5
3	7	5	9	6	8	4	1	2
9	1	2	3	4	5	8	7	6
8	4	3	7	5	2	1	6	9
1	5	9	6	3	4	7	2	8
7	2	6	1	8	9	5	4	3
4	9	1	8	2	3	6	5	7
2	6	7	5	9	1	3	8	4
5	3	8	4	7	6	2	9	1

8	9	3	1	7	4	6	2	5
2	1	4	3	5	6	9	7	8
5	6	7	9	2	8	4	1	3
3	4	1	2	8	9	5	6	7
9	8	6	5	1	7	3	4	2
7	2	5	4	6	3	1	8	9
4	7	9	6	3	2	8	5	1
6	5	2	8	9	1	7	3	4
1	3	8	7	4	5	2	9	6

6	4	2	9	1	3	7	5	8
8	3	1	5	2	7	4	9	6
9	7	5	8	4	6	2	3	1
1	9	3	4	6	8	5	2	7
2	6	4	1	7	5	3	8	9
5	8	7	2	3	9	1	6	4
4	1	8	6	5	2	9	7	3
3	5	6	7	9	1	8	4	2
7	2	9	3	8	4	6	1	5

8	6	3	4	7	9	1	5	2
1	7	5	3	2	8	4	6	9
2	9	4	1	6	5	3	7	8
6	2	1	9	4	3	5	8	7
3	5	9	6	8	7	2	4	1
7	4	8	5	1	2	6	9	3
9	1	2	8	5	4	7	3	6
4	8	7	2	3	6	9	1	5
5	3	6	7	9	1	8	2	4

8	7	5	3	2	6	1	9	4
9	3	6	4	8	1	5	2	7
4	2	1	9	7	5	3	8	6
5	9	7	6	3	8	4	1	2
2	4	8	7	1	9	6	5	3
6	1	3	2	5	4	8	7	9
3	8	4	1	9	2	7	6	5
1	6	2	5	4	7	9	3	8
7	5	9	8	6	3	2	4	1

8	5	3	7	4	6	1	2	9
1	2	6	9	8	3	4	7	5
7	9	4	5	1	2	3	6	8
2	3	7	4	6	5	9	8	1
5	6	8	1	2	9	7	3	4
9	4	1	8	3	7	2	5	6
6	8	2	3	9	1	5	4	7
4	1	5	2	7	8	6	9	3
3	7	9	6	5	4	8	1	2

9	5	3	8	1	2	7	6	4
6	8	1	4	7	3	2	5	9
4	7	2	6	5	9	8	3	1
2	4	9	5	8	7	3	1	6
5	6	8	3	9	1	4	2	7
3	1	7	2	4	6	5	9	8
8	2	4	9	6	5	1	7	3
1	3	6	7	2	8	9	4	5
7	9	5	1	3	4	6	8	2

8	3	9	2	5	6	7	4	1
7	6	4	3	1	8	9	2	5
5	2	1	7	9	4	6	3	8
9	8	2	4	7	1	5	6	3
4	7	6	8	3	5	2	1	9
1	5	3	6	2	9	8	7	4
2	9	7	1	8	3	4	5	6
3	4	8	5	6	7	1	9	2
6	1	5	9	4	2	3	8	7

9	4	8	7	1	3	5	6	2
3	2	7	5	6	9	1	8	4
5	6	1	2	4	8	7	3	9
7	5	6	1	9	2	8	4	3
1	3	4	6	8	5	2	9	7
2	8	9	3	7	4	6	1	5
4	9	5	8	2	6	3	7	1
6	7	3	9	5	1	4	2	8
8	1	2	4	3	7	9	5	6

9	2	4	3	5	8	1	6	7
6	8	7	9	4	1	5	3	2
3	5	1	2	6	7	4	8	9
2	1	3	7	9	5	6	4	8
8	6	5	1	2	4	9	7	3
4	7	9	6	8	3	2	5	1
7	3	6	4	1	9	8	2	5
1	4	8	5	3	2	7	9	6
5	9	2	8	7	6	3	1	4

5	4	6	9	8	3	1	2	7
7	1	2	4	5	6	9	3	8
9	3	8	2	7	1	5	6	4
4	5	7	8	9	2	3	1	6
6	2	9	1	3	4	7	8	5
3	8	1	5	6	7	4	9	2
2	7	4	3	1	8	6	5	9
8	9	3	6	4	5	2	7	1
1	6	5	7	2	9	8	4	3

2	3	7	9	6	4	5	1	8
9	1	4	7	5	8	2	6	3
6	5	8	2	1	3	4	7	9
3	7	2	5	9	1	6	8	4
1	4	9	6	8	2	7	3	5
5	8	6	4	3	7	9	2	1
4	6	3	1	2	5	8	9	7
7	9	1	8	4	6	3	5	2
8	2	5	3	7	9	1	4	6

9	4	1	3	5	2	7	8	6
7	8	2	1	6	4	5	3	9
6	5	3	8	7	9	1	4	2
5	7	4	6	9	8	3	2	1
3	6	8	7	2	1	9	5	4
1	2	9	4	3	5	6	7	8
2	3	7	9	8	6	4	1	5
8	1	6	5	4	7	2	9	3
4	9	5	2	1	3	8	6	7

4	8	2	7	6	5	9	3	1
9	5	1	4	2	3	6	8	7
3	7	6	9	1	8	2	4	5
7	3	4	5	9	1	8	6	2
6	1	9	8	4	2	5	7	3
8	2	5	6	3	7	4	1	9
1	4	3	2	5	6	7	9	8
2	6	8	3	7	9	1	5	4
5	9	7	1	8	4	3	2	6

3	4	6	7	8	9	5	2	1
7	1	2	4	6	5	3	9	8
8	9	5	2	1	3	6	7	4
5	6	9	8	4	7	2	1	3
2	3	8	6	9	1	4	5	7
4	7	1	5	3	2	9	8	6
6	5	7	3	2	8	1	4	9
1	2	4	9	7	6	8	3	5
9	8	3	1	5	4	7	6	2

4	8	7	2	6	9	5	1	3
6	2	9	5	3	1	8	4	7
1	3	5	7	4	8	2	6	9
7	6	2	3	9	5	1	8	4
5	1	8	4	7	2	9	3	6
3	9	4	8	1	6	7	5	2
9	5	3	1	2	4	6	7	8
8	7	6	9	5	3	4	2	1
2	4	1	6	8	7	3	9	5

5	9	7	1	6	4	8	3	2
6	3	1	8	5	2	7	9	4
2	4	8	3	9	7	6	5	1
3	6	4	7	8	1	9	2	5
1	7	9	5	2	3	4	6	8
8	2	5	9	4	6	3	1	7
4	1	6	2	7	9	5	8	3
9	5	3	4	1	8	2	7	6
7	8	2	6	3	5	1	4	9

1	6	8	4	9	7	5	3	2
9	2	7	5	3	6	1	4	8
3	4	5	2	1	8	7	6	9
5	8	9	1	4	2	6	7	3
6	3	4	8	7	9	2	5	1
2	7	1	3	6	5	9	8	4
7	5	3	9	2	4	8	1	6
4	9	6	7	8	1	3	2	5
8	1	2	6	5	3	4	9	7

7	6	2	3	8	1	4	5	9
9	4	3	2	6	5	1	7	8
8	5	1	9	7	4	3	6	2
3	9	4	7	2	8	6	1	5
1	8	5	6	4	9	7	2	3
6	2	7	5	1	3	9	8	4
5	3	8	1	9	7	2	4	6
4	1	6	8	3	2	5	9	7
2	7	9	4	5	6	8	3	1

8	3	5	2	7	1	4	9	6
2	6	4	3	5	9	7	1	8
1	7	9	8	6	4	3	2	5
4	1	3	7	2	8	5	6	9
5	8	7	4	9	6	2	3	1
9	2	6	5	1	3	8	4	7
7	4	1	6	8	2	9	5	3
6	5	2	9	3	7	1	8	4
3	9	8	1	4	5	6	7	2

7	9	6	5	4	8	3	2	1
3	4	8	2	6	1	5	9	7
5	1	2	7	3	9	8	4	6
1	7	9	6	8	5	4	3	2
8	3	5	4	1	2	6	7	9
6	2	4	3	9	7	1	8	5
9	5	1	8	2	4	7	6	3
2	8	3	1	7	6	9	5	4
4	6	7	9	5	3	2	1	8

5	3	6	8	2	7	1	4	9
4	1	8	6	9	5	7	2	3
2	9	7	3	4	1	8	6	5
7	5	9	1	3	2	4	8	6
8	4	2	7	6	9	3	5	1
3	6	1	5	8	4	9	7	2
6	2	3	4	1	8	5	9	7
1	7	4	9	5	6	2	3	8
9	8	5	2	7	3	6	1	4

2	1	7	8	6	3	9	5	4
6	5	9	7	1	4	3	8	2
4	8	3	5	2	9	1	7	6
3	6	8	1	5	2	4	9	7
7	4	1	9	8	6	2	3	5
5	9	2	4	3	7	6	1	8
8	2	5	6	9	1	7	4	3
1	7	6	3	4	8	5	2	9
9	3	4	2	7	5	8	6	1

7	8	3	9	4	1	5	2	6
4	9	6	3	2	5	7	8	1
1	5	2	6	8	7	9	4	3
6	4	9	1	3	2	8	5	7
5	3	1	8	7	9	4	6	2
8	2	7	4	5	6	3	1	9
3	6	5	2	9	8	1	7	4
9	1	8	7	6	4	2	3	5
2	7	4	5	1	3	6	9	8

9	6	4	8	2	5	7	3	1
1	8	7	9	4	3	5	6	2
3	2	5	7	1	6	4	8	9
7	3	6	2	8	9	1	4	5
2	9	1	3	5	4	6	7	8
5	4	8	6	7	1	9	2	3
6	7	9	5	3	8	2	1	4
8	1	2	4	9	7	3	5	6
4	5	3	1	6	2	8	9	7

8	6	7	4	1	9	2	5	3
9	5	3	2	8	6	7	4	1
2	4	1	3	5	7	6	9	8
3	1	8	5	4	2	9	6	7
6	2	4	9	7	1	3	8	5
7	9	5	8	6	3	1	2	4
4	7	9	1	2	5	8	3	6
5	3	6	7	9	8	4	1	2
1	8	2	6	3	4	5	7	9

6	7	1	9	3	2	4	5	8
5	2	3	8	7	4	1	9	6
4	8	9	6	1	5	2	3	7
7	4	5	1	8	9	3	6	2
8	9	6	7	2	3	5	1	4
3	1	2	5	4	6	7	8	9
9	6	4	3	5	7	8	2	1
2	5	8	4	9	1	6	7	3
1	3	7	2	6	8	9	4	5

7	9	6	2	4	3	5	1	8
1	8	2	6	5	9	3	4	7
3	5	4	1	8	7	6	2	9
5	3	9	4	1	8	7	6	2
4	7	8	9	2	6	1	3	5
2	6	1	7	3	5	8	9	4
9	1	3	5	7	4	2	8	6
6	2	5	8	9	1	4	7	3
8	4	7	3	6	2	9	5	1

3	2	8	7	4	6	5	1	9
1	5	4	8	3	9	2	6	7
9	6	7	1	5	2	3	4	8
6	7	2	4	8	5	1	9	3
8	9	1	6	7	3	4	5	2
4	3	5	9	2	1	8	7	6
7	8	6	3	1	4	9	2	5
2	1	9	5	6	8	7	3	4
5	4	3	2	9	7	6	8	1

5	2	7	9	3	1	8	4	6
3	9	6	8	2	4	5	7	1
1	4	8	6	5	7	3	9	2
7	3	2	4	9	6	1	5	8
8	5	9	1	7	3	6	2	4
4	6	1	5	8	2	7	3	9
6	7	3	2	1	9	4	8	5
9	8	4	7	6	5	2	1	3
2	1	5	3	4	8	9	6	7

6	3	5	7	1	8	9	2	4
8	9	2	5	4	6	3	1	7
4	1	7	9	2	3	5	8	6
1	6	3	4	9	2	7	5	8
7	5	4	6	8	1	2	3	9
9	2	8	3	7	5	4	6	1
2	4	6	8	3	7	1	9	5
5	7	1	2	6	9	8	4	3
3	8	9	1	5	4	6	7	2

Grid 1

2	7	3	9	4	6	5	1	8
8	1	9	7	3	5	4	6	2
4	5	6	1	2	8	9	7	3
7	8	2	3	6	9	1	4	5
9	3	1	2	5	4	6	8	7
5	6	4	8	1	7	3	2	9
6	4	8	5	9	2	7	3	1
3	2	5	6	7	1	8	9	4
1	9	7	4	8	3	2	5	6

Grid 2

4	1	2	7	5	8	6	9	3
6	7	5	3	2	9	8	1	4
3	9	8	4	1	6	5	7	2
2	4	9	6	3	5	1	8	7
1	5	7	8	9	2	3	4	6
8	3	6	1	7	4	9	2	5
9	2	1	5	4	3	7	6	8
7	6	3	2	8	1	4	5	9
5	8	4	9	6	7	2	3	1

Grid 3

1	4	7	2	6	9	5	8	3
5	2	6	4	3	8	9	7	1
8	9	3	5	7	1	2	4	6
2	8	5	3	1	6	4	9	7
6	3	4	9	5	7	8	1	2
9	7	1	8	4	2	6	3	5
7	1	9	6	8	5	3	2	4
4	5	2	7	9	3	1	6	8
3	6	8	1	2	4	7	5	9

Grid 4

2	6	9	8	7	1	5	3	4
1	7	3	4	5	9	2	8	6
8	4	5	2	6	3	9	7	1
7	5	2	3	8	6	4	1	9
4	8	1	5	9	2	7	6	3
9	3	6	7	1	4	8	2	5
6	9	7	1	2	5	3	4	8
3	1	8	9	4	7	6	5	2
5	2	4	6	3	8	1	9	7

Grid 5

3	7	4	8	6	5	9	2	1
9	6	5	2	1	4	3	7	8
2	1	8	7	3	9	4	6	5
1	5	3	4	2	6	7	8	9
6	8	2	1	9	7	5	3	4
7	4	9	3	5	8	6	1	2
4	2	7	5	8	3	1	9	6
5	9	1	6	7	2	8	4	3
8	3	6	9	4	1	2	5	7

Grid 6

6	1	8	3	7	9	2	5	4
3	9	7	2	4	5	1	6	8
4	2	5	8	1	6	7	3	9
1	6	4	5	3	7	9	8	2
2	7	9	6	8	4	3	1	5
5	8	3	9	2	1	6	4	7
7	5	2	1	6	8	4	9	3
8	3	6	4	9	2	5	7	1
9	4	1	7	5	3	8	2	6

Puzzle 1

2	6	8	1	7	3	5	9	4
1	9	5	8	4	2	3	6	7
7	3	4	6	9	5	1	8	2
4	2	9	7	3	8	6	1	5
5	7	6	4	1	9	8	2	3
8	1	3	2	5	6	4	7	9
3	5	2	9	6	1	7	4	8
9	4	1	3	8	7	2	5	6
6	8	7	5	2	4	9	3	1

Puzzle 2

6	9	4	5	2	7	8	1	3
8	5	1	4	3	9	2	7	6
7	2	3	8	1	6	9	5	4
3	4	5	7	8	1	6	2	9
2	8	7	9	6	4	1	3	5
9	1	6	2	5	3	4	8	7
5	3	9	1	4	8	7	6	2
1	7	2	6	9	5	3	4	8
4	6	8	3	7	2	5	9	1

Puzzle 3

5	9	3	4	8	6	7	1	2
4	2	7	1	3	5	6	9	8
1	6	8	9	2	7	3	5	4
8	4	5	2	7	9	1	6	3
2	3	9	8	6	1	5	4	7
6	7	1	3	5	4	2	8	9
3	1	2	5	4	8	9	7	6
7	5	4	6	9	2	8	3	1
9	8	6	7	1	3	4	2	5

Puzzle 4

3	4	2	7	5	8	6	9	1
5	6	1	9	2	3	4	8	7
7	8	9	4	1	6	2	3	5
1	7	4	2	9	5	8	6	3
9	3	6	8	7	1	5	4	2
2	5	8	3	6	4	7	1	9
4	2	5	1	8	9	3	7	6
6	1	3	5	4	7	9	2	8
8	9	7	6	3	2	1	5	4

Puzzle 5

8	4	7	1	6	3	9	2	5
6	1	5	2	7	9	4	8	3
3	9	2	5	8	4	6	1	7
4	7	3	8	5	2	1	6	9
9	2	6	7	3	1	8	5	4
1	5	8	4	9	6	3	7	2
2	3	1	6	4	5	7	9	8
5	8	4	9	1	7	2	3	6
7	6	9	3	2	8	5	4	1

Puzzle 6

9	7	5	8	4	3	6	1	2
1	3	6	2	9	7	4	5	8
4	8	2	6	1	5	9	7	3
2	6	9	3	8	1	7	4	5
7	5	1	4	2	9	8	3	6
8	4	3	5	7	6	2	9	1
5	2	8	9	3	4	1	6	7
6	1	4	7	5	2	3	8	9
3	9	7	1	6	8	5	2	4

Grid 1

3	7	4	2	6	8	9	1	5
2	5	6	4	1	9	3	8	7
1	8	9	3	7	5	2	6	4
8	6	2	1	3	4	5	7	9
9	3	7	8	5	6	4	2	1
5	4	1	9	2	7	6	3	8
4	9	3	7	8	2	1	5	6
6	2	8	5	9	1	7	4	3
7	1	5	6	4	3	8	9	2

Grid 2

4	6	9	5	1	3	7	2	8
8	7	5	6	4	2	3	9	1
2	3	1	8	7	9	4	6	5
5	1	2	3	8	6	9	7	4
7	8	6	1	9	4	2	5	3
3	9	4	2	5	7	1	8	6
1	2	3	9	6	8	5	4	7
6	5	7	4	2	1	8	3	9
9	4	8	7	3	5	6	1	2

Grid 3

3	7	4	2	9	5	6	1	8
5	8	1	3	6	7	4	2	9
6	2	9	1	8	4	5	7	3
4	3	6	5	1	8	2	9	7
2	5	7	4	3	9	1	8	6
9	1	8	6	7	2	3	5	4
8	4	2	9	5	3	7	6	1
1	9	3	7	2	6	8	4	5
7	6	5	8	4	1	9	3	2

Grid 4

5	8	9	4	6	2	7	1	3
4	7	3	5	8	1	6	2	9
6	1	2	9	3	7	5	8	4
1	5	6	8	7	4	3	9	2
3	2	7	6	1	9	8	4	5
8	9	4	3	2	5	1	7	6
9	6	8	1	4	3	2	5	7
2	4	1	7	5	6	9	3	8
7	3	5	2	9	8	4	6	1

Grid 5

4	5	6	9	2	1	8	7	3
2	8	7	3	5	4	1	9	6
3	1	9	6	8	7	4	2	5
5	7	4	2	9	8	6	3	1
6	9	1	4	3	5	7	8	2
8	2	3	7	1	6	5	4	9
9	6	8	5	7	2	3	1	4
7	3	5	1	4	9	2	6	8
1	4	2	8	6	3	9	5	7

Grid 6

1	5	9	4	8	2	6	7	3
6	2	8	7	9	3	5	4	1
4	3	7	1	6	5	2	9	8
3	8	2	9	7	6	4	1	5
5	6	1	2	3	4	9	8	7
7	9	4	8	5	1	3	2	6
8	1	5	3	2	9	7	6	4
9	4	3	6	1	7	8	5	2
2	7	6	5	4	8	1	3	9

9	7	4	5	8	6	1	2	3
6	2	5	3	4	1	8	7	9
8	1	3	7	2	9	6	5	4
4	8	6	2	9	7	5	3	1
2	3	1	6	5	4	9	8	7
7	5	9	1	3	8	2	4	6
3	9	7	8	6	2	4	1	5
5	6	2	4	1	3	7	9	8
1	4	8	9	7	5	3	6	2

8	7	9	1	4	6	2	3	5
1	5	2	7	9	3	6	8	4
3	6	4	2	8	5	1	9	7
5	1	3	6	2	8	7	4	9
2	8	7	4	3	9	5	1	6
9	4	6	5	7	1	3	2	8
4	3	1	8	5	7	9	6	2
7	9	8	3	6	2	4	5	1
6	2	5	9	1	4	8	7	3

2	1	9	8	6	7	5	3	4
7	5	4	1	2	3	6	9	8
6	3	8	4	5	9	1	7	2
4	2	1	5	9	6	3	8	7
8	6	5	7	3	4	9	2	1
9	7	3	2	8	1	4	5	6
3	9	7	6	1	8	2	4	5
1	8	2	3	4	5	7	6	9
5	4	6	9	7	2	8	1	3

7	2	8	4	3	5	6	1	9
5	4	1	9	6	7	8	2	3
3	9	6	2	8	1	5	4	7
9	8	3	5	1	4	7	6	2
1	7	5	6	2	8	3	9	4
4	6	2	7	9	3	1	8	5
2	3	9	1	5	6	4	7	8
8	1	7	3	4	9	2	5	6
6	5	4	8	7	2	9	3	1

7	9	3	6	5	4	8	2	1
6	4	1	2	8	9	5	3	7
8	2	5	3	1	7	6	9	4
5	6	7	1	2	3	9	4	8
3	8	9	4	7	5	1	6	2
2	1	4	8	9	6	3	7	5
4	5	2	9	3	1	7	8	6
1	3	8	7	6	2	4	5	9
9	7	6	5	4	8	2	1	3

2	8	5	1	7	4	6	9	3
7	1	9	3	6	5	8	4	2
6	4	3	8	9	2	1	7	5
4	2	7	6	8	3	5	1	9
1	5	6	7	4	9	2	3	8
3	9	8	2	5	1	4	6	7
5	7	1	4	3	8	9	2	6
9	3	2	5	1	6	7	8	4
8	6	4	9	2	7	3	5	1

Grid 1

8	7	2	1	6	9	3	4	5
5	4	9	8	7	3	2	1	6
3	6	1	4	2	5	7	9	8
6	8	5	2	9	7	1	3	4
9	3	7	6	4	1	8	5	2
1	2	4	3	5	8	6	7	9
2	5	6	7	3	4	9	8	1
4	1	3	9	8	6	5	2	7
7	9	8	5	1	2	4	6	3

Grid 2

3	6	5	9	8	4	2	7	1
8	1	2	6	7	3	5	9	4
4	7	9	5	2	1	6	8	3
7	8	4	1	6	9	3	2	5
9	5	6	7	3	2	4	1	8
2	3	1	8	4	5	9	6	7
5	2	7	3	1	6	8	4	9
6	9	8	4	5	7	1	3	2
1	4	3	2	9	8	7	5	6

Grid 3

8	5	4	3	7	9	1	2	6
6	2	7	5	8	1	3	4	9
1	9	3	6	4	2	8	7	5
9	6	2	8	1	7	4	5	3
5	3	1	4	9	6	7	8	2
4	7	8	2	3	5	9	6	1
2	8	9	7	5	3	6	1	4
7	1	6	9	2	4	5	3	8
3	4	5	1	6	8	2	9	7

Grid 4

5	8	7	4	6	2	9	3	1
6	4	1	8	9	3	7	2	5
9	3	2	7	5	1	4	8	6
8	1	9	5	3	7	6	4	2
2	5	3	6	4	8	1	9	7
7	6	4	2	1	9	3	5	8
3	2	8	1	7	4	5	6	9
4	7	5	9	8	6	2	1	3
1	9	6	3	2	5	8	7	4

Grid 5

6	9	5	7	8	4	2	1	3
8	2	4	3	1	6	5	9	7
3	7	1	5	9	2	6	8	4
7	3	2	1	6	5	8	4	9
1	8	9	2	4	7	3	5	6
5	4	6	8	3	9	7	2	1
4	1	8	6	5	3	9	7	2
2	5	3	9	7	1	4	6	8
9	6	7	4	2	8	1	3	5

Grid 6

3	6	8	5	7	1	2	9	4
7	9	4	8	2	3	5	6	1
2	5	1	4	9	6	7	8	3
5	3	6	1	8	2	9	4	7
1	8	7	3	4	9	6	5	2
4	2	9	6	5	7	3	1	8
6	4	3	7	1	5	8	2	9
8	7	2	9	6	4	1	3	5
9	1	5	2	3	8	4	7	6

6	4	2	7	5	3	9	8	1
9	5	7	2	8	1	3	6	4
8	1	3	9	6	4	2	5	7
7	2	4	5	9	8	6	1	3
5	8	9	1	3	6	4	7	2
1	3	6	4	7	2	8	9	5
4	9	8	3	1	5	7	2	6
3	6	1	8	2	7	5	4	9
2	7	5	6	4	9	1	3	8

1	4	6	2	7	5	8	9	3
3	2	7	6	8	9	4	1	5
8	5	9	3	1	4	6	7	2
2	1	5	7	6	3	9	4	8
9	8	3	4	5	1	2	6	7
7	6	4	8	9	2	5	3	1
5	7	8	1	4	6	3	2	9
4	9	2	5	3	7	1	8	6
6	3	1	9	2	8	7	5	4

6	4	2	9	3	1	8	5	7
5	8	3	2	7	4	9	6	1
1	9	7	8	5	6	2	4	3
4	5	6	1	8	3	7	2	9
2	1	8	4	9	7	6	3	5
7	3	9	5	6	2	1	8	4
8	6	5	7	4	9	3	1	2
3	7	1	6	2	5	4	9	8
9	2	4	3	1	8	5	7	6

6	9	7	3	2	4	8	5	1
4	5	8	9	1	6	7	2	3
2	1	3	5	7	8	4	9	6
9	2	6	4	5	7	3	1	8
5	3	4	2	8	1	6	7	9
7	8	1	6	9	3	2	4	5
3	6	9	7	4	5	1	8	2
1	4	5	8	6	2	9	3	7
8	7	2	1	3	9	5	6	4

2	7	8	5	3	9	4	1	6
3	4	6	7	1	8	9	5	2
5	1	9	2	4	6	8	3	7
7	2	5	4	6	3	1	8	9
4	9	1	8	2	7	5	6	3
8	6	3	1	9	5	2	7	4
1	5	4	3	7	2	6	9	8
9	3	2	6	8	1	7	4	5
6	8	7	9	5	4	3	2	1

1	3	8	5	7	9	4	2	6
4	2	7	8	1	6	3	5	9
5	6	9	4	3	2	8	7	1
8	9	1	7	4	3	5	6	2
3	5	4	6	2	1	9	8	7
6	7	2	9	5	8	1	3	4
7	4	3	2	9	5	6	1	8
9	8	5	1	6	7	2	4	3
2	1	6	3	8	4	7	9	5

9	2	8	4	7	1	3	6	5
6	5	4	3	9	8	1	2	7
1	7	3	6	2	5	8	9	4
2	9	7	5	8	6	4	1	3
3	6	5	9	1	4	2	7	8
8	4	1	7	3	2	9	5	6
5	8	2	1	4	7	6	3	9
4	3	6	2	5	9	7	8	1
7	1	9	8	6	3	5	4	2

9	8	2	3	5	4	6	1	7
5	7	3	9	1	6	4	2	8
6	1	4	8	2	7	3	9	5
4	9	5	7	3	1	8	6	2
8	6	1	5	9	2	7	3	4
3	2	7	6	4	8	9	5	1
2	4	9	1	7	3	5	8	6
1	3	8	4	6	5	2	7	9
7	5	6	2	8	9	1	4	3

3	4	1	7	9	6	8	2	5
6	7	2	4	5	8	3	9	1
8	9	5	1	3	2	7	4	6
9	8	6	2	7	5	1	3	4
7	2	3	8	4	1	5	6	9
5	1	4	3	6	9	2	8	7
2	5	8	9	1	4	6	7	3
4	6	7	5	2	3	9	1	8
1	3	9	6	8	7	4	5	2

3	8	9	1	6	4	2	7	5
2	5	7	8	3	9	6	4	1
4	1	6	2	7	5	3	9	8
8	4	1	3	5	2	9	6	7
7	9	5	6	4	8	1	2	3
6	3	2	7	9	1	8	5	4
9	7	8	4	1	6	5	3	2
1	6	4	5	2	3	7	8	9
5	2	3	9	8	7	4	1	6

9	6	8	3	5	4	1	2	7
3	1	4	2	7	6	9	8	5
5	7	2	9	1	8	3	4	6
2	5	9	8	6	1	4	7	3
4	8	7	5	9	3	6	1	2
6	3	1	4	2	7	5	9	8
1	2	5	7	3	9	8	6	4
7	4	6	1	8	5	2	3	9
8	9	3	6	4	2	7	5	1

4	2	8	9	3	5	1	6	7
3	1	9	4	6	7	2	5	8
5	6	7	1	2	8	9	4	3
6	9	5	8	1	3	7	2	4
1	8	4	2	7	9	5	3	6
2	7	3	6	5	4	8	9	1
8	3	6	5	9	1	4	7	2
7	5	1	3	4	2	6	8	9
9	4	2	7	8	6	3	1	5

2	1	9	5	4	7	3	6	8
8	4	5	3	6	2	7	1	9
6	3	7	9	1	8	2	4	5
4	9	6	7	3	5	8	2	1
1	5	8	2	9	4	6	3	7
7	2	3	6	8	1	9	5	4
5	7	1	8	2	6	4	9	3
3	6	4	1	7	9	5	8	2
9	8	2	4	5	3	1	7	6

7	6	3	5	9	8	2	1	4
2	5	9	1	3	4	6	7	8
4	8	1	7	6	2	3	9	5
1	2	4	3	7	5	8	6	9
5	9	7	2	8	6	1	4	3
6	3	8	9	4	1	5	2	7
3	4	5	6	2	9	7	8	1
8	1	2	4	5	7	9	3	6
9	7	6	8	1	3	4	5	2

5	2	7	9	3	4	8	6	1
9	6	1	8	7	5	2	4	3
4	3	8	1	2	6	9	5	7
6	4	9	3	5	8	1	7	2
1	7	5	6	9	2	3	8	4
3	8	2	7	4	1	6	9	5
2	9	3	5	8	7	4	1	6
8	5	6	4	1	3	7	2	9
7	1	4	2	6	9	5	3	8

7	5	3	6	1	9	8	2	4
2	8	1	7	3	4	5	9	6
4	6	9	5	2	8	3	7	1
6	3	7	4	8	2	1	5	9
1	2	4	9	5	7	6	8	3
5	9	8	1	6	3	7	4	2
8	1	6	2	4	5	9	3	7
3	7	2	8	9	6	4	1	5
9	4	5	3	7	1	2	6	8

5	4	9	1	3	6	8	7	2
8	6	7	9	2	4	5	1	3
3	2	1	8	5	7	4	9	6
6	3	4	7	1	8	2	5	9
1	5	2	3	4	9	7	6	8
9	7	8	2	6	5	3	4	1
7	1	6	5	8	3	9	2	4
2	8	5	4	9	1	6	3	7
4	9	3	6	7	2	1	8	5

1	4	6	9	7	3	8	5	2
3	5	9	1	2	8	7	6	4
2	8	7	4	5	6	9	3	1
7	9	8	2	3	1	5	4	6
6	2	5	7	8	4	1	9	3
4	1	3	6	9	5	2	8	7
9	3	4	8	1	2	6	7	5
5	7	2	3	6	9	4	1	8
8	6	1	5	4	7	3	2	9

7	2	5	8	4	1	3	6	9
9	8	4	2	6	3	1	5	7
3	6	1	9	7	5	4	8	2
5	7	9	4	3	2	8	1	6
8	1	2	5	9	6	7	4	3
4	3	6	1	8	7	9	2	5
2	5	8	3	1	9	6	7	4
1	9	7	6	2	4	5	3	8
6	4	3	7	5	8	2	9	1

1	5	3	6	4	7	2	9	8
6	4	7	8	2	9	3	5	1
9	2	8	3	1	5	4	6	7
4	7	1	5	9	2	8	3	6
3	6	9	1	8	4	7	2	5
2	8	5	7	3	6	1	4	9
8	1	4	9	6	3	5	7	2
7	9	2	4	5	1	6	8	3
5	3	6	2	7	8	9	1	4

8	5	1	6	4	9	7	3	2
4	9	3	2	7	1	5	6	8
2	6	7	8	3	5	4	9	1
7	2	9	5	6	3	8	1	4
5	1	6	4	8	2	9	7	3
3	4	8	1	9	7	6	2	5
9	8	4	3	2	6	1	5	7
1	7	2	9	5	8	3	4	6
6	3	5	7	1	4	2	8	9

4	9	3	8	5	7	2	1	6
7	5	1	6	3	2	4	8	9
2	6	8	9	1	4	7	3	5
6	7	5	4	8	3	9	2	1
8	1	9	2	6	5	3	4	7
3	2	4	7	9	1	5	6	8
9	4	7	1	2	8	6	5	3
1	3	6	5	4	9	8	7	2
5	8	2	3	7	6	1	9	4

2	5	9	1	7	6	4	3	8
6	3	1	4	8	5	7	2	9
4	8	7	3	2	9	5	6	1
7	9	3	2	1	4	6	8	5
1	6	8	5	9	3	2	4	7
5	2	4	7	6	8	1	9	3
8	4	6	9	5	7	3	1	2
9	7	2	6	3	1	8	5	4
3	1	5	8	4	2	9	7	6

9	5	4	6	3	1	7	8	2
2	6	7	8	5	4	9	3	1
3	1	8	2	9	7	4	5	6
1	3	2	7	6	5	8	4	9
7	8	9	1	4	3	2	6	5
5	4	6	9	2	8	3	1	7
8	2	3	5	1	9	6	7	4
4	9	5	3	7	6	1	2	8
6	7	1	4	8	2	5	9	3

1	8	3	6	7	2	9	5	4
4	9	7	8	5	1	6	2	3
5	6	2	4	9	3	8	1	7
9	5	6	1	4	7	3	8	2
3	2	1	5	6	8	7	4	9
8	7	4	2	3	9	5	6	1
6	4	9	7	1	5	2	3	8
7	1	8	3	2	6	4	9	5
2	3	5	9	8	4	1	7	6

6	8	5	7	4	9	1	2	3
7	3	2	8	5	1	9	4	6
9	1	4	6	2	3	7	8	5
3	9	8	1	6	7	2	5	4
4	2	1	5	3	8	6	9	7
5	7	6	4	9	2	8	3	1
1	4	7	2	8	5	3	6	9
2	6	3	9	7	4	5	1	8
8	5	9	3	1	6	4	7	2

1	6	8	3	2	7	5	9	4
2	4	3	9	5	8	7	6	1
9	7	5	6	4	1	8	3	2
6	9	7	4	1	2	3	8	5
8	3	1	7	9	5	2	4	6
4	5	2	8	6	3	1	7	9
7	2	4	1	8	9	6	5	3
5	8	9	2	3	6	4	1	7
3	1	6	5	7	4	9	2	8

8	1	4	9	2	6	5	3	7
6	3	9	4	5	7	2	8	1
2	7	5	8	3	1	9	6	4
9	8	7	5	1	4	3	2	6
1	6	3	2	7	9	4	5	8
4	5	2	3	6	8	1	7	9
5	9	8	7	4	3	6	1	2
7	2	1	6	9	5	8	4	3
3	4	6	1	8	2	7	9	5

1	6	2	5	3	9	4	7	8
3	9	4	8	6	7	5	2	1
5	8	7	4	1	2	9	3	6
9	5	3	2	4	6	1	8	7
2	7	8	1	9	5	3	6	4
6	4	1	3	7	8	2	9	5
7	1	6	9	2	4	8	5	3
4	2	5	7	8	3	6	1	9
8	3	9	6	5	1	7	4	2

9	7	6	5	8	1	3	2	4
2	3	1	6	4	9	8	5	7
5	4	8	2	7	3	1	6	9
7	1	2	3	9	5	4	8	6
8	5	3	4	2	6	9	7	1
6	9	4	7	1	8	5	3	2
1	8	7	9	3	2	6	4	5
3	2	5	1	6	4	7	9	8
4	6	9	8	5	7	2	1	3

6	3	4	5	1	2	7	9	8
5	1	9	7	6	8	3	4	2
7	8	2	9	3	4	6	1	5
1	2	6	8	9	3	5	7	4
8	4	7	1	2	5	9	3	6
3	9	5	4	7	6	2	8	1
4	6	3	2	8	9	1	5	7
9	5	1	6	4	7	8	2	3
2	7	8	3	5	1	4	6	9

2	5	6	1	7	9	8	3	4
7	1	8	4	3	2	9	6	5
4	3	9	8	6	5	1	2	7
6	7	1	9	8	3	5	4	2
5	8	4	7	2	1	3	9	6
3	9	2	6	5	4	7	1	8
1	2	3	5	4	7	6	8	9
8	4	5	3	9	6	2	7	1
9	6	7	2	1	8	4	5	3

7	2	5	1	3	6	8	9	4
4	6	3	5	9	8	2	7	1
9	1	8	4	7	2	6	3	5
6	8	7	9	4	5	1	2	3
1	9	2	8	6	3	5	4	7
3	5	4	7	2	1	9	6	8
2	7	1	6	8	4	3	5	9
5	4	6	3	1	9	7	8	2
8	3	9	2	5	7	4	1	6

8	2	9	4	5	6	1	3	7
7	3	1	8	9	2	4	5	6
6	4	5	7	1	3	8	2	9
9	6	2	1	8	5	7	4	3
3	1	7	9	2	4	6	8	5
4	5	8	6	3	7	9	1	2
5	7	6	3	4	1	2	9	8
1	8	3	2	6	9	5	7	4
2	9	4	5	7	8	3	6	1

6	1	8	5	2	3	9	4	7
9	4	5	8	7	1	3	2	6
2	3	7	4	9	6	8	1	5
3	8	9	1	6	5	2	7	4
1	2	4	9	3	7	6	5	8
5	7	6	2	8	4	1	9	3
7	9	2	3	5	8	4	6	1
8	5	1	6	4	9	7	3	2
4	6	3	7	1	2	5	8	9

8	5	4	7	2	9	6	3	1
2	7	1	6	5	3	4	9	8
9	3	6	1	4	8	2	5	7
1	8	2	4	3	7	5	6	9
7	6	5	9	1	2	8	4	3
3	4	9	5	8	6	1	7	2
5	1	7	2	9	4	3	8	6
6	2	3	8	7	5	9	1	4
4	9	8	3	6	1	7	2	5

1	8	3	6	7	9	4	2	5
4	6	7	3	5	2	1	8	9
2	9	5	4	1	8	7	6	3
7	1	4	2	9	3	6	5	8
6	5	2	1	8	4	9	3	7
9	3	8	7	6	5	2	1	4
8	7	6	9	3	1	5	4	2
3	4	9	5	2	6	8	7	1
5	2	1	8	4	7	3	9	6

6	3	8	4	9	1	7	5	2
1	7	9	2	8	5	6	4	3
4	2	5	7	3	6	8	1	9
2	6	3	5	1	7	9	8	4
7	9	1	6	4	8	2	3	5
5	8	4	3	2	9	1	7	6
9	1	6	8	5	3	4	2	7
3	4	7	1	6	2	5	9	8
8	5	2	9	7	4	3	6	1

2	7	3	5	1	6	8	4	9
9	1	5	4	3	8	2	6	7
6	4	8	2	7	9	5	3	1
5	6	2	8	4	7	9	1	3
1	8	9	6	2	3	7	5	4
7	3	4	9	5	1	6	8	2
3	2	7	1	6	5	4	9	8
8	5	1	7	9	4	3	2	6
4	9	6	3	8	2	1	7	5

1	6	5	7	3	8	9	2	4
3	8	4	2	5	9	1	7	6
7	9	2	1	6	4	5	8	3
9	3	6	8	1	2	7	4	5
8	5	1	3	4	7	6	9	2
4	2	7	6	9	5	3	1	8
6	4	3	9	8	1	2	5	7
5	7	9	4	2	6	8	3	1
2	1	8	5	7	3	4	6	9

3	2	7	9	6	1	4	5	8
5	8	4	2	3	7	1	9	6
1	6	9	4	5	8	3	2	7
7	5	3	8	2	6	9	4	1
6	4	1	5	9	3	8	7	2
2	9	8	7	1	4	5	6	3
8	7	6	3	4	9	2	1	5
4	1	5	6	8	2	7	3	9
9	3	2	1	7	5	6	8	4

5	7	6	9	8	3	2	4	1
4	2	3	5	1	7	9	6	8
8	9	1	6	2	4	5	7	3
1	8	5	3	7	2	4	9	6
3	4	9	8	5	6	7	1	2
7	6	2	4	9	1	3	8	5
6	1	7	2	3	9	8	5	4
9	3	8	1	4	5	6	2	7
2	5	4	7	6	8	1	3	9

9	4	6	7	2	5	3	1	8
7	1	8	9	4	3	6	2	5
2	5	3	6	1	8	7	9	4
8	2	9	1	7	4	5	6	3
4	3	7	5	9	6	1	8	2
1	6	5	3	8	2	4	7	9
5	7	1	8	3	9	2	4	6
6	8	2	4	5	1	9	3	7
3	9	4	2	6	7	8	5	1

4	5	2	9	8	6	3	1	7
7	6	3	1	5	2	9	8	4
8	9	1	3	4	7	2	5	6
5	3	6	4	2	1	7	9	8
2	4	7	5	9	8	1	6	3
1	8	9	7	6	3	4	2	5
3	2	5	6	7	9	8	4	1
6	1	8	2	3	4	5	7	9
9	7	4	8	1	5	6	3	2

5	8	4	9	6	1	7	2	3
7	3	6	5	2	8	1	4	9
9	2	1	7	3	4	8	5	6
6	5	3	8	7	2	9	1	4
2	4	9	3	1	5	6	8	7
8	1	7	4	9	6	5	3	2
4	6	8	2	5	9	3	7	1
3	9	5	1	4	7	2	6	8
1	7	2	6	8	3	4	9	5

5	6	4	3	8	1	7	9	2
1	3	9	5	7	2	8	6	4
8	2	7	6	4	9	5	3	1
7	9	5	8	6	4	1	2	3
6	8	2	7	1	3	4	5	9
3	4	1	9	2	5	6	7	8
4	5	6	2	9	8	3	1	7
2	1	3	4	5	7	9	8	6
9	7	8	1	3	6	2	4	5

6	9	3	4	8	5	2	7	1
1	2	8	6	7	3	4	5	9
7	5	4	9	1	2	3	8	6
5	3	1	8	6	9	7	4	2
9	4	6	5	2	7	8	1	3
2	8	7	3	4	1	9	6	5
3	7	2	1	5	8	6	9	4
8	6	5	2	9	4	1	3	7
4	1	9	7	3	6	5	2	8

9	2	3	5	1	6	7	8	4
6	4	7	9	8	2	5	3	1
8	5	1	4	3	7	6	9	2
5	9	4	6	7	8	1	2	3
3	8	2	1	9	5	4	7	6
7	1	6	3	2	4	8	5	9
4	3	9	7	5	1	2	6	8
2	6	5	8	4	9	3	1	7
1	7	8	2	6	3	9	4	5

4	5	7	6	8	3	1	2	9
9	6	1	4	5	2	8	7	3
8	3	2	9	7	1	5	6	4
3	9	6	7	2	5	4	8	1
7	8	4	3	1	6	2	9	5
1	2	5	8	9	4	7	3	6
2	1	3	5	6	7	9	4	8
6	7	8	1	4	9	3	5	2
5	4	9	2	3	8	6	1	7

8	4	1	3	6	7	9	5	2
2	6	7	9	8	5	4	3	1
3	5	9	2	4	1	7	6	8
4	1	8	7	3	6	2	9	5
6	3	5	4	2	9	8	1	7
9	7	2	5	1	8	3	4	6
1	8	4	6	9	2	5	7	3
5	2	3	1	7	4	6	8	9
7	9	6	8	5	3	1	2	4

5	1	8	9	3	4	2	6	7
7	4	6	8	1	2	5	9	3
2	9	3	5	6	7	8	1	4
9	3	2	4	8	5	6	7	1
1	6	5	3	7	9	4	8	2
4	8	7	1	2	6	3	5	9
6	2	9	7	4	8	1	3	5
3	5	4	6	9	1	7	2	8
8	7	1	2	5	3	9	4	6

3	5	1	7	2	8	6	4	9
4	8	9	6	1	3	5	7	2
2	7	6	5	9	4	1	8	3
6	4	5	3	7	9	2	1	8
1	9	8	2	4	5	3	6	7
7	3	2	8	6	1	4	9	5
5	1	4	9	8	2	7	3	6
8	6	3	4	5	7	9	2	1
9	2	7	1	3	6	8	5	4

6	7	3	8	9	5	4	2	1
5	8	4	2	3	1	7	6	9
1	2	9	7	6	4	5	3	8
7	9	8	1	2	3	6	5	4
4	1	2	6	5	8	9	7	3
3	6	5	4	7	9	1	8	2
2	3	1	5	4	7	8	9	6
9	4	7	3	8	6	2	1	5
8	5	6	9	1	2	3	4	7

1	5	7	2	3	8	9	6	4
3	9	6	1	5	4	7	2	8
8	4	2	9	6	7	5	1	3
2	1	9	3	7	6	4	8	5
6	8	4	5	2	9	3	7	1
5	7	3	4	8	1	6	9	2
4	6	1	8	9	3	2	5	7
7	2	8	6	4	5	1	3	9
9	3	5	7	1	2	8	4	6

www.ingramcontent.com/pod-product-compliance
Lightning Source LLC
Chambersburg PA
CBHW030523220526
45463CB00007B/2687